图书在版编目（CIP）数据

机器人超级酷／纸上魔方编绘. — 重庆：
重庆出版社，2014.3（2015.10重印）
ISBN 978-7-229-07909-3

Ⅰ.①机… Ⅱ.①纸… Ⅲ.①机器人—青少年读物
Ⅳ.①TP242-49

中国版本图书馆CIP数据核字（2014）第083741号

机器人超级酷
JIQI REN CHAOJI KU
纸上魔方　编绘

出　版　人：罗小卫
责任编辑：袁婷婷
责任校对：杨　婧
封面设计：纸上魔方
技术设计：纸上魔方

重庆长江二路205号 邮政编码：400016 http://www.cqph.com
重庆天旭印务有限责任公司印刷
重庆出版集团图书发行有限公司发行
E-MAIL：fxchu@cqph.com　电话：023-61520646

全国新华书店经销

开本：787mm×1092mm　1/16　印张：8
2014年7月第1版　2015年10月第2次印刷
ISBN 978-7-229-07909-3
定价：22.50元

如有印装质量问题，请向本集团图书发行有限公司调换：023-61520678

版权所有　　侵权必究

目录

你认识机器人么？/ 1
会采摘果实的机器人 / 5
能将果实快速分类的机器人 / 8
会喷洒农药的机器人 / 10
会除草的机器人 / 12
懂嫁接技术的机器人 / 14
堪称"挤奶工"的机器人 / 16
"真金不怕火炼"的机器人 / 19
"保姆型"机器人 / 21
打扫垃圾的机器人 / 23
轻松清除积雪的机器人 / 26
会擦玻璃的机器人 / 29
伐根机器人 / 31
指挥交通的交警机器人 / 34
了不起的会议机器人 / 36

勇敢的排爆机器人 / 39
能干的采矿机器人 / 42
可爱的宠物机器人 / 44
能参加足球赛的机器人 / 46
让人感到亲切的心理医生机器人 / 49
功能强大的导盲机器人 / 52
能够在天空中飞翔的机器人 / 54
能够登上太空的机器人 / 56
探测月球的机器人 / 58
挺进火星的机器人 / 61
会潜水的机器人 / 63
会扫雷的机器人 / 65
能够在水下"考古"的机器人 / 67
可以在水面上行走的机器人 / 70
能在水底探险的机器人 / 72

核工业机器人 / 74
训练有素的士兵机器人 / 77
不知疲倦的保安机器人 / 79
有趣的喷漆工机器人 / 81
奇妙的搬运工机器人 / 84
对装配很在行的机器人 / 86
不怕危险的高压电工机器人 / 88
勇闯火山的机器人 / 91
真正的机动战士——救援机器人 / 93
厉害的管道工机器人 / 95
会喷射混凝土的机器人 / 98
会"爬壁"的机器人 / 100
会给汽车自动加油的机器人 / 103
懂雕刻的机器人 / 105

会书法的机器人 / 107
会配药的机器人 / 110
"护士型"机器人 / 112
微型医用机器人 / 114
会看病的机器人 / 116
能在战场上为伤员做手术的机器人 / 118
能当秘书的机器人 / 120
博览会上的明星机器人 / 123

你认识机器人么?

一提到机器人,我们总会想到那些出现在科幻电影中,和我们长得十分接近,却拥有超能力的仿真人,可是事实上机器人可并不全都是这样的。如果我们能够到一些工厂去参观的话,一定会发现许多长得奇形怪状的机器人。那么,究竟什么才是机器人呢?

几十年前,各个国家对于机器人都有不同的解

释，但是随着科技的发展，人们对于机器人也有了统一的认识。机器人，其实就是一种可以由工作人员编辑程序，可以执行多种任务的操作机。根据机器人的不同功能，人们大致将它们分成了工业机器人和特种机器人两大类。顾名思义，工业机器人当然就是可以在不同工业领域，特别是一些危险的工业领域，帮助或者替代工人工作的多关节机械手或者多自由度机器人了；而特种机器人的功能就更多了，像是机器人服务员、水下机器人摄影师、军用机器人、农业机器人等等。

要说到机器人是怎么学会这么多本领的，那么就不得不提到它的"大脑"了。一般来说，现在可以为人们服务的机器人

的大脑，是由一台微型计算机组成的。它可以存储人们为机器人编写输入的指令，还可以系统地负责管理和通讯，帮助机器人和我们进行沟通；同时，它还可以准确地进行运动学和动力学方面的计算，然后指导机器人的身体动作，完成我们交给它们的任务。

不要以为机器人是现代人的杰作，早在几千年前，古圣先贤们就尝试着制造过许多"机器人"。

西周时期，我国古代的工匠制造过能歌善舞的机械伶偶；亚历山大时代的希腊人，也发明过以蒸汽作为动力，会开门和唱歌的雕像。这些精妙的创造，实际上都是现代机器人的雏形。

对于机器人我们已经有了初步的认识，现在，就让我们一起走进它们的世界吧。

会采摘果实的机器人

每到丰收的季节，满园果实压弯枝头，农民伯伯要摘果实了。摘果实并不简单，要看果实熟了没有，还要轻拿轻放，以防果实破损。要是有一种可以帮助农民伯伯采摘果实的机器人，那该多好啊！

现在，这个美好愿望已经成为了现实。近些年来，科学家们就开发出了一系列农业机器人，而采摘水果的机器人就是其中的一种。而一种拥有灵活的机械手，可以在瓜田里自由行走的西瓜收获机器人算得上是绝对的明星了。

这种摘取西瓜机器人是怎么帮助人们工作的呢？这还要从

它的手臂说起。摘取西瓜机器人的手臂由四个四节连杆的手指组成，在手指的尖端还安装了小型的滑轮，它们就是利用这双手来工作的。在机器人抓取西瓜时，机械手指沿着西瓜的表面向下滑动，然后，在西瓜的最下端停止下来。接下来，它们会利用西瓜自身的重量来为机械手解锁，抬升手臂，这样，就可以把西瓜从瓜秧上摘取下来了。

不过，我们在挑选西瓜的时候，最困难的就是分辨西瓜是不是成熟了，那么，这种摘取西瓜机器人，会不会一不小心把还在生长的西瓜摘下来呢？

　　其实科学家们已经预先想到了这个问题，他们会根据西瓜开花日期的不同，在瓜田里放置一些不同颜色的小标识球，这样，机器人就可以根据标志球的颜色和位置，分辨出该摘取哪里的西瓜了。不仅如此，在摘取西瓜的过程中，它们还可以利用手臂上的传感器，准确地估算出西瓜的重量。

　　如此灵巧的机器人在我们的生活中并不少见，而且，相信今后它们会在我们的生活中发挥更大的作用！

能将果实快速分类的机器人

对于农民伯伯来说,将同种果实按照大小、品相进行分类是一项非常烦琐的工作。不过现在,机器人已经可以帮助农民伯伯处理这项工作了。

英国的科学家们曾研究出了一套拥有光电图像辨别和提升分拣功能的机器人。工作人员们只要坐在电脑屏幕前查看土豆的外表,然后用特制的指挥棒触碰屏幕上的土豆图像,分拣机器人就可以把腐烂的土豆挑拣出来了。

如果你觉得这个分拣土豆的机器人还离不开人们的"看护",那么不妨再来看看这个可以分辨花生果粒的机器人吧。

花生的果实藏在壳子中,这让人们很难从外表看出它们的优劣

来，但是最近，科学家们却发明了一种花生双粒果分拣机器人。

　　这种机器人的机架上装有特殊的凹托板，在这块凹托板上，科学家们根据单粒和双粒花生的体积，设计了大小不同的开口，这样，这种机器人就可以帮助人们完成花生的分拣工作了。

　　这种类似的分拣机器人还有很多，就像西红柿分选机，它们在一个小时之内就可以分选出上千个西红柿来。而更神奇的自动选蛋机，每个小时可以处理六千枚鸡蛋。有了它们的帮助，烦琐的果实分选工作也变得轻松容易很多了。

会喷洒农药的机器人

红彤彤的大苹果散发着一股清香,真让人眼馋。可是苹果能长得这么大、这么好看,可不容易呢!因为苹果在生长过程中会受到各种害虫的攻击,果农们为了保证苹果长得好,就要定期为苹果树喷洒农药,防治各种虫害。农药既然可以杀死害虫,它的毒性就可见一斑了。那么,果农伯伯们会不会因此而受到伤害呢?

现在有一种会给果树喷洒农药的机器人,有了它,喷洒农药就不需要果农伯伯们亲自动手了。

农药机器人外形像小汽车一样,并装有身背感应传感器、自动喷药控制装置和压力传感器等多种精密仪器。不过,要想让它们在果园里跑起来,还需要果农伯伯们预先设置好感应电缆。这样,机器人身上的感应装置,才能检测到电磁场信号,知道自己要往哪里走。

当喷洒农药机器人进入到自己的工作领域时，身上的方向传感器和速度传感器可以告诉它们自己所在的方位，这样，当它们来到没有树木的一侧时，就可以自动停止喷洒农药了。如果药罐中的药液告急，它们身上的压力传感器就会自动报警，这样就可以在很大程度上避免意外事故的发生了。

这种机器人除了可以自动工作，也可以接受人们的遥控指挥，这样，它们还可以根据人们的要求，运行到果园里的某一地点，针对某一棵树木来喷洒农药。

怎么样？会喷洒农药的机器人很棒吧！有了它，能使果农伯伯免受农药的伤害，还能更有效地防治各种虫害，让我们能够吃到又香又甜的大苹果！

什么是"机器人"？

机器人是人类20世纪的重大发明，是高级整合控制论、机械电子、计算机、材料科学和仿生学技术的产物。

简单地说，机器人（Robot）是可以接受人类指挥、自动执行工作的机器装置，它替人类从事复杂、繁重、疲劳、恶劣、危险的工作，在制造业、医学、农业、建筑业、军事、日常生活等领域中均有广泛的应用，是人类的好伙伴。

会除草的机器人

花园里，杂草的生命力很是旺盛，而农田里的杂草，更是影响着农作物生长的元凶之一。那么，究竟有没有一种除草机器人，可以帮助人们清除杂草呢？

答案当然是肯定的了。

丹麦的科学家们就曾经研制出一种除草机器人。这种机器人有四个依靠电池驱动的轮子，这就是它们在田间行走的双脚；而它们的眼睛则是一台照相机。它们一边在田间行走，一边拍照，再通过安装在头脑中的识别软件，辨别出它们"看到"的东西究竟是杂草还是农作物的嫩苗。别小看它们的识别软件，这里面存储着十余种不同参数描述的杂草呢，除此之外，科学家们还为它们安装了GPS全球定位系统。依靠这些装备，它们就可以帮助我们给杂草定位了。

不过,仅仅能给杂草定位,还不能满足我们的需要。科学家们又进一步改进了除草机器人,为它配制了一定剂量的除草剂,这样,它们就能边走边除草了。

农田里的杂草让人讨厌,但是整齐的草坪却让很多人喜欢。为了帮助园丁伯伯们工作,科学家们又发明了可以自动修剪草坪的机器人——无为。

看上去像一个油桶的无为,可以一边滚动,一边将草坪修剪整齐,不过,它们最神奇的地方是可以依照人们为它输入的程序,压缩修剪下来的杂草,把它们变成草饼环保座椅和深受孩子们喜爱的草球。

有了这些机器人,除草工作似乎也可以变得很有趣了。

懂嫁接技术的机器人

嫁接是用做手术的方法，把一种植物的枝或芽嫁接到另一种植物的茎或根上，让它们长成一个完整的植株，长大后开花结果，可以收获品质优良的果实。然而，植物嫁接需要工作人员极大的耐心和非常专业的技术，否则，嫁接后的植物就很难存活下来。不过现在，有了机器人的帮助，嫁接农作物也可以变得简单起来。

这种嫁接蔬菜的机器人，由计算机控制系统、自动化的操作系统、传感器和计算机图像处理系统组成。它们在工作时，传感器和图像处理系统可以帮助它们"看清"眼前的植物嫩苗，然后，它们就可以切除掉砧木的生长点和穗木的嫩苗。接下来，这种机器人利用一把小夹子，把砧木和穗木接在一起，并且固定好。就这样，一台植物嫁接的小手术就做好了。

别看这一系列的动作有些复

杂,可是它们完成全套动作,仅仅需要六秒钟,而且,嫁接植物的成活率可以达到90%左右。这可比人工嫁接的效率要高多了。

是啊,有了机器人的帮助,嫁接苗木也变得容易起来,不仅如此,一些国家还把自动化水平比较高的嫁接机器人,投入到大规模的农业生产中来,开办了工厂化的育苗中心,全年为农民伯伯们提供嫁接苗,这样,我们一年到头都可以吃到新鲜可口的瓜果蔬菜啦!

小朋友,在你知道嫁接技术的重要性之后,是不是对嫁接机器人充满了敬意呢?

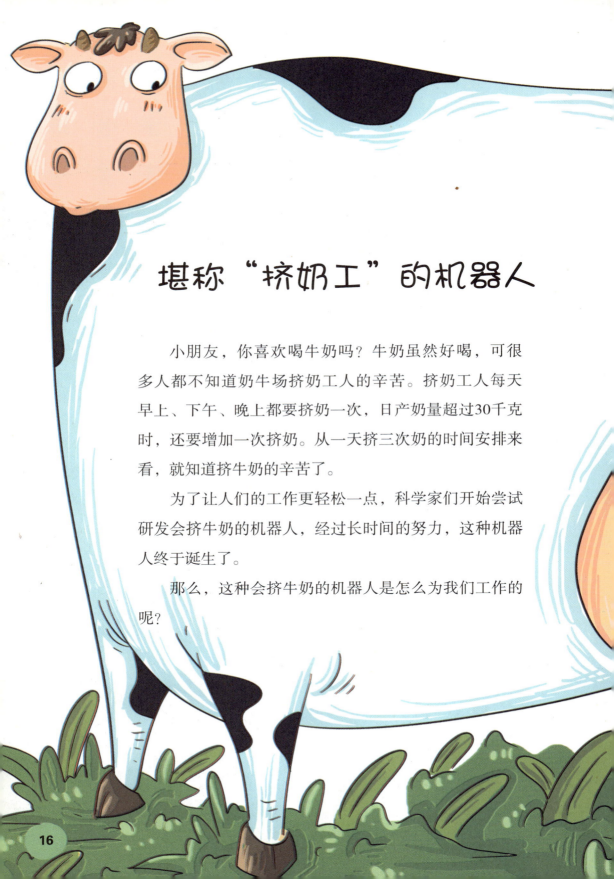

堪称"挤奶工"的机器人

小朋友,你喜欢喝牛奶吗?牛奶虽然好喝,可很多人都不知道奶牛场挤奶工人的辛苦。挤奶工人每天早上、下午、晚上都要挤奶一次,日产奶量超过30千克时,还要增加一次挤奶。从一天挤三次奶的时间安排来看,就知道挤牛奶的辛苦了。

为了让人们的工作更轻松一点,科学家们开始尝试研发会挤牛奶的机器人,经过长时间的努力,这种机器人终于诞生了。

那么,这种会挤牛奶的机器人是怎么为我们工作的呢?

　　这种挤牛奶机器人的双脚,可以在特定的轨道上行走,在它们的身上还安装有传感器,而这就相当于它们的眼睛。当然了,既然是机器人,可以安放挤奶杯的机械手臂也必不可少。到了工作时间,它们就会根据头脑中储存的数据库,和每头奶牛脖子上的标签编号,判断出哪只奶牛才是自己的服务对象。接下来,它们身上的传感器、控制系统、双脚和机械手会协同作战,让机器人可以判断出自己的位置和奶牛所在的大概位置,然后,安放好挤奶杯。

　　经过几次精细的位置调整之后,机器人会自动打开挤奶杯里的温水开关,先给奶牛洗个热水澡,然后，挤牛奶的工作就可以正式开始了。

不过，这还不是它们的全部功能，这种挤奶机器人还能为奶牛提供挠痒、净身等服务，这种人性化的操作可以使奶牛心情愉悦，产出更多高质量的牛奶。

看到这些，我们是不是更加佩服科学家们的聪明才智了呢？的确，有了机器人的加入，我们的生活也变得更加轻松有趣。

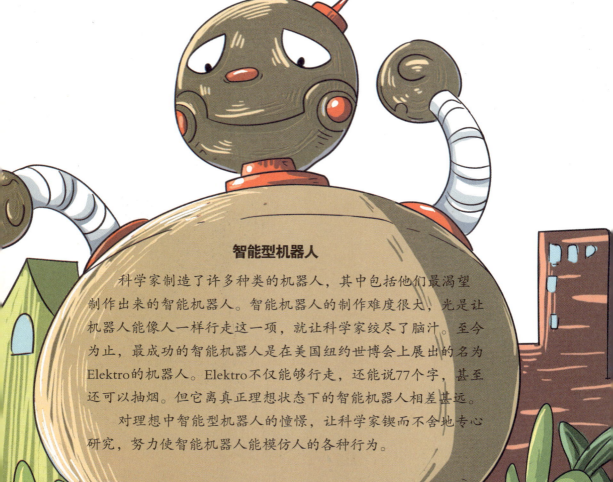

智能型机器人

科学家制造了许多种类的机器人，其中包括他们最渴望制作出来的智能机器人。智能机器人的制作难度很大，光是让机器人能像人一样行走这一项，就让科学家绞尽了脑汁。至今为止，最成功的智能机器人是在美国纽约世博会上展出的名为Elektro的机器人。Elektro不仅能够行走，还能说77个字，甚至还可以抽烟。但它离真正理想状态下的智能机器人相差甚远。

对理想中智能型机器人的憧憬，让科学家锲而不舍地专心研究，努力使智能机器人能模仿人的各种行为。

"真金不怕火炼"的机器人

人们常说水火无情,一场大火可以烧毁我们的家园,更威胁着在火场中执行搜救灭火任务的消防员。如果能有一个机器人来承担这项危险的工作,那该有多好啊。

其实,消防机器人早已出现在了我们身边。比起我们人类消防员来说,消防机器人可谓神通广大,高温、强辐射、浓烟密布,哪怕是充满易燃易爆化学物品的火场,它们都可以畅通无阻,执行消防救火任务。

早在2007年,挪威科学家就研制出了一种外貌很像蟒蛇的机器人——安娜·康达。安娜的身长大约为3米,体重70千克,它最出色的技能就是可以连接标准的消防水龙带,然后,凭借灵活的身体,利用水龙带中高达100个大气压的强大动力,钻入消防员无法到达的区域进行灭火。

对于消防机器人这个大家族来说，安娜只是其中的一员，由德国科学家设计的甲虫奥勒，也是这个家族中的大明星呢。

奥勒的身体和甲虫很像，身背水箱和灭火剂，6条机械腿便于它们在火场中行走，头顶的GPS、红外线和热量传感器，不仅能让它们进入工作区域，还可以告诉附近的消防人员火源在那里。别担心这只小甲虫会葬身火海，因为它们的"外衣"是用特殊耐热陶瓷纤维做成的，即使在1500摄氏度的高温下，也能保证它们正常工作。

当然，除此之外，在消防机器人家族中，还有可以帮忙救助伤员的机器人等等。不过，无论消防机器人有多么神奇，它们也不可能帮我们弥补在火灾中受到的损失，对于温暖又无情的火，我们依旧不能掉以轻心啊。

"保姆型"机器人

很多小朋友都幻想过，有一个无所不能的机器人朋友。其实，这种保姆机器人早就已经被科学家们发明出来了。

早在20世纪80年代，发明人亨瑞·托尼设计了一个声控型机器人。它可以根据我们拍手的声音，做出一些简单的动作。

不过，仅仅是这种机器人还不能陪我们玩耍，那么，有没有更聪明一点的机器人呢？

2005年，台湾设计出了家政服务机器人MAY，它可以听从主人的指令，从一大堆相似的物品中找出主人需要的那一种。

MAY能够具有这么高的"智商"，是因为工程师们在它身上配备了一台四核电脑，这样它当然可

以听得懂主人的指令。对于独自在家的老人来说，MAY可以替代他们取报纸、拿水果，甚至收拾碗筷。对于小朋友们来说，MAY还可以陪他们玩一些"老鹰抓小鸡"和"123木头人"等等的小游戏。从2005年开始研发至今，家政服务机器人MAY已经在国际上多次获奖。

除了MAY之外，日本的科学家也研发出一个名叫PaPeRo的机器人。PaPeRo的身上装有麦克风，可以和孩子们进行简单的对话，而它身上的红外线触觉传感器，还可以让它在和孩子们亲密接触时，做出不同的动作来。除此之外，安装在它身上的超声波和视觉传感器，还能让它慢悠悠地在屋子里到处行走寻找主人。

想想看，有这样一个机器娃娃在家中陪我们玩，是不是让我们觉得很开心呢？

打扫垃圾的机器人

假期里如果可以在家里办一个聚会,和很多小朋友一起吃零食、玩游戏,那该是一件多好的事情啊。不过,想到聚会过后的满地狼藉,大概很多人都会觉得头疼吧。如果能有一个机器人来帮我们清扫垃圾,那该是多么奇妙的事情呢?

这种可以清扫房间的机器人,现在已经在很多国家的家庭中为我们服务了。家中常见的清扫机器人,看起来就像一个飞碟,在它的身上装有刷把、抽真空装置和收纳盒。这样,它们就可以一边行走,一边清扫、收纳屋内的垃圾。而且,正是因为它们身材扁平,所以它们可以钻到沙发缝隙、桌子底下

等等死角,帮我们把这些角落打扫干净。

可以四处行走的扫地机器人,确实很神奇,可是它们会不会到处乱走,撞坏了房间里的家具呢?

当然不会!在它们工作时,会先利用身上的扫描系统和微电脑系统,把房间的大小、形状和屋内的陈设扫描一遍,存储在头脑中,然后,再通过天花板卫星定位系统,来了解自己的位置,这样,在清扫地板的时候,就不会碰到房间里的家具了。

除了这种家用的扫地机器人之外,还有一种可以用于清扫户外街道的大型机器人，它们的工作方法和小型的家用机器人相差无几，只不过身材和工作能力要比这种小机器人大上许多。

怎么样，你是不是也期待自己能够拥有这样的机器人呢？但就算有了这种机器人，也要学习做家务，养成勤劳的好习惯哟！

机器人的"大脑"

"大脑"是机器人区别于简单的自动化机器的主要标志。机器人的"大脑"是一台装有特定程序的计算机。特定的编程软件决定了这种机器人能够从事的工作类型，例如，灭火机器人只能灭火，打扫垃圾机器人只能打扫垃圾。

轻松清除积雪的机器人

冬天里,飘落的雪花会给我们带来别样的美景,堆雪人、打雪仗更是很多小朋友喜欢的活动。然而路面上的积雪,却给人们的出行带来了很大的困扰。

该怎么清除这些积雪呢?融雪剂会污染土壤,撒盐化雪会伤害到正在过冬的植物,难道人工扫雪是唯一的方法么?

其实,各国的科学家们都在积极研制不同类型的除雪机器人。其中,日本科学家们发明的除雪机器人,更是外形可爱、功能强大。

这种除雪机器人就像甲壳虫一样，除了轮子之外，身上还安装有摄像头。在它们行进的过程中，摄像头就是它们的眼睛，可以让它们避开前方的障碍物。另外，和许多会行走的机器人一样，它身上的GPS导航系统也必不可少，有了它，机器人才能知道自己要走向哪里。

　　这种机器人的工作方式可不是简单地清扫，而是在一边向前走的过程中，一边把地上的积雪吸入自己的肚子里，然后，再利用肚子里的压缩装置，把积雪压缩成长方形的冰块，丢进自己的

小背篓中。等到装不下的时候，它们还会自动把冰块整齐地摆放在路边，再由工作人员把冰砖运走。

除了这种可爱的机器人之外，在挪威首都的奥斯陆机场里，人们也在运用机器人为飞机跑道扫雪除冰。这种机器人虽然没有把积雪变成冰块的本领，但是它们有刮除冰层的本领，而且，机器人在行走中与地面发生摩擦，会产生热量，这也可以有效地融化冰层。何况，在除冰扫雪之后，它们还可以沿路撒上一层沙子，为跑道做防滑处理。

有了这些可爱的除雪机器人的帮助，我们终于可以不再担心积雪带来的困扰，好好欣赏冬日的美景了。

会擦玻璃的机器人

相信你一定参加过学校的大扫除,老师会要求大家把教室的里里外外都打扫干净,但是老师很少让学生擦玻璃,因为教学楼很高,擦玻璃很危险。

咦,有没有一种机器人能代替大家擦玻璃呢?当然有了,科学家们特地研制出一种专门用来擦玻璃的机器人呢!

这个能在高空擦玻璃的机器人，最大的特点就是拥有四个机械爪。它可以用两个爪子抓住窗户的边框，用另外两个爪子擦洗玻璃。这种机器人的腹部还能伸出滚动轮，让它可以像螃蟹一样横着移动。除了这些，这种机器人也和其他机器人一样，头上装有摄像头，工作人员可以通过无线电在地面对它进行遥控。这样，当机器人爬升到指定高度后，就会弹出两只刷子，在工作人员的指挥下进行清洁工作。最妙的是，这种机器人还能进行废水回收呢！

这种机器人就像蜘蛛侠那样，别看它的构造很简单，它可是清洁界中的"老大"呢！

伐根机器人

　　保护森林人人有责，可要想在林场里继续种树，采伐留在土壤中的植物根茎是一项必不可少的工作，而且，这项工作还可以防止林场里树木受到病虫和真菌的侵害。不过，比起伐木来说，采伐根茎要更加困难。

　　采伐根茎不仅仅是一项作业效率很低的工作，而且还会因为

处理方式不得当，而破坏生态环境。不过，也正是因为存在这样的难题，工程师们才开始下决心研发伐根机器人。

这种伐根机器人，由可以自由行走的"车轮"、机械手臂、液压驱动装置和控制系统组成。它之所以能够帮我们采伐树根，完全依赖于它那只机械手。别看这是个用钢铁铸成的机械手，可是它的细节和灵活程度却一点也不输给人类的手臂呢。为了让它的手臂可以自如工作，机器人的手臂被安装在了一个可以转动的平台上，而整条手臂包括了转盘、大臂、小臂和旋切提拔装置。

在工作中，它们的手臂可以在液压装置的驱动下，移动到根茎附近，然后，通过手臂上的旋切提升装置，选择合适的工具以及恰当的工作角度。究竟是用万能切刀、提拔筒，还是用四爪抓取装置来采伐树根，就要由坐在驾驶室里观察显示器的工作人员来决定和指挥了。

通过机器人和工作人员的配合，再加上这些随身携带的法宝，机器人可以将深埋地下的植物根茎轻松抓取出来。有了它们的帮助，采伐树根也渐渐不再是一项困难的工作。

为机器人的能力打分

现在，越来越多的机器人给人们的生活带来许多方便。在众多机器人中，如何评判机器人性能高低呢？那就由你来当一次评委，为机器人打打分吧。

对机器人的性能评价需要有几个方面：首先是智能，什么是机器人的智能呢？通俗地说就是机器能够代替人的记忆、运算、判断、鉴别、学习、决策等能力。其次是机能，也就是机器人在工作时，能否因空间、地点、环境的变化而变通的能力。最后要说物理能了，什么是物理能呢？简单地说，它就是指机器人的力量、速度、可靠性和寿命等。

怎么样？小朋友，你会打分了吗？

指挥交通的交警机器人

看到这个标题,你是不是在怀疑:机器人真的能代替交警指挥交通吗?

在我们的印象中,指挥交通的,除了站在马路中央的警察叔叔,大概就剩下挂在路口的红绿灯了。难道传说中指挥交通的机器人,就是最常见的红绿灯?

当然不是这样的!在这里,我们所说的指挥交通机器人,实际上是一种仿真人。它们的外形看起来和警察叔叔很像,站在川流不息的马路中央,有条不紊地指挥交通,和现实中的交警几乎

没什么差别。

不过一个由钢铁做成的机器人,怎么可能做出灵活的动作呢?其实,这个一点都难不倒研发它们的工程师。这种交通机器人的全身,配有许多大小不同的支架,从头部到胸部,再到躯干和四肢,这些重要的"关节",都是由支架组成的,这样,它们的身体就可以在控制系统的支配下运转自如了。

比起真正的交警叔叔,这种交警机器人在指挥交通的同时还能对过往车辆进行测速。当遇到超速的车辆,它会发出警报,并尾随该车辆对其车主进行语音提示,直至车主减速为止。

当然,交警机器人除了能够指挥交通、监督交通外,还能统计交通流量,测试司机的酒精度,在执勤过程中进行全程录像等,可以说,这个交警机器人是个全能的宝贝。

了不起的会议机器人

学校的老师要开家长会,但爸爸妈妈的工作那么忙,不见得有时间来开家长会。有的小朋友会突发奇想:现代科技这么发达,实在没有必要让家长匆忙赶到学校去开会,难道家长在异地就不能开会吗?

现在,科学家们已经研制出了电话会议系统机器人。这种机器人虽然看起来和我们还有很大的差别,但是它的功能却很是强大。在它的头顶,科学家们为它安装了500万像素的高清摄像头,有了一双视力如此之好的眼睛,我们还需要担心它会看不清东西么?我们人类双眼区域的视野范围大约为60度,而这种视频会议

机器人的视野范围,可以达到120度左右。如此看来,它所能看到的东西,一点也不比我们少了。

我们可以通过耳朵来听清别人在会议上的发言,那么这种机器人又是怎么来听到别人说话,并且把会议上别人的发言传达给我们的呢?

这个秘密就藏在它的"耳朵"中。没想到吧,在它的耳朵

中,藏有3个麦克风,而我们,只需要按动按钮,操控它的行走方向,就可以通过它的"耳朵",听到会议现场的真实声音了。

怎么样?这个机器人是不是非常厉害呢?为了让它更快一点从实验室走到我们的生活当中,许许多多的科学家们,正在努力地完善它的功能。相信不远的将来,机器人就可以代替我们,去参加那些大大小小的会议了。

勇敢的排爆机器人

荧幕上播放过很多惊险刺激的动作片，每当主角在如何剪断炸弹导线的问题上拿不定主意的时候，你是不是也跟着着急，希望这时有超人飞临，把可恶的炸弹拆除掉？

现在，不需要超人的帮助，也有"人"能代替拆弹专家拆除炸弹啦！那就是——排爆机器人！

排爆机器人大致包括两种，一种是听命于人的排爆机器人，而另外一种，则是自动型的排爆机器人。只会听话的机器人，需要在可视条件下，依照人的指令而工作；但是自动机器人，则可以在进入现场后，按照我们预先设定好的程序，辨别危险品，拆除炸弹排除险情。

我们在电视里，常常看到排爆人员穿着厚重的防护服，才能进入现场工作，那么，排爆机器人也需要穿得厚厚的才能工作么？

当然不需要。一般来说，它们的体积都不会很大，而且可以灵活转向，这样的身材让它们在很狭窄的空间里，也可以畅通无阻。另外，它们的双脚也被设计为轮胎或履带的样式，这样，即使是崎岖的路面，它们也能如履平地。

不过，它们是怎么看到爆炸物，又是怎么排除险情的呢？这就不得不说到它们身上的多台彩色CCD摄像机和多自由度的机械手了。通过摄像机，机器人和聪明的工作人员，都可以仔细观察

可疑物品，而它们的手爪和夹钳，则可以准确地拆除爆炸物的引信和雷管，再把它们装车运走。

　　针对一些定时的爆炸装置，科学家们还在它们身上安装了激光指示器和猎枪，这样，它们就可以击碎引爆装置了。

　　别以为排爆机器人还只是科学家们的设想。早在1982年，它已经被英国军方用于拆除战场上的炸弹和地雷了；而在我国，它们也逐渐被投入到实际工作中，有效地保护了工作人员的生命安全。

机器人的"关节"结构

　　人类行走机器人的双腿能够做一前一后的迈步行走动作，是因为它们采用了类人的"关节"结构。

　　人类的身上有很多关节，机器人身上也一样，凡是需要做动作的部位都需要"关节"。目前机器人的"关节"远不如人类关节那样灵活，按照关节的配置形式与运动坐标形式的不同，机器人被分成了圆柱坐标式、直角坐标式、极坐标式和关节坐标式等类型。

能干的采矿机器人

采矿是一种高风险的工作。采矿工人进入地下坑道作业时,常常要面临坍塌、瓦斯爆炸、地下水涌等等危险。因此,科学家研制出了代替采矿工人下井的会采矿的机器人,从事危险系数很高的采矿作业。

不过,采矿可不是一项简单的工作,根据不同的需求,采矿机器人的职责和工作方式也大相径庭。

无论是开采哪一种矿产,挖掘工作都必不可少。特别是对于煤矿开采来说,挖掘工作更是重中之重。那么,特殊煤层采掘机器人是怎么工作的呢?这种机器人的

身上安装有各种挖掘工具,像是高速转机、电动机甚至是采爆器械等等一样都不缺。而且,在它们的肩部,还安装有强光源和视觉传感器,这样,就可以把坑道里的图像传递给工作人员,然后,再根据人们的遥控指挥,开始挖掘作业了。

除了挖掘矿层,开凿工作也是采矿工程中的重点,现在,这项工作也可以由机器人来代替我们完成了。凿岩机器人身上的瞄准机械,可以让它把钻头准确地安放在规定的位置,然后,根据人们为它输入的程序,调整好钻头的转速和角度,就可以开始工作了,而人们只要站在安全地带,监视着整个作业过程就可以了。

除此之外,喷浆机器人还可以帮助人们完成喷浆这一项既繁重又有危险性的工作。而特殊的检测机器人,则可以监测坑道中的瓦斯浓度和岩石破裂程度等等危险因素。

随着这些大型机器人被运用到采矿作业中,开采矿产这项工作也会变得越来越高效和安全。

可爱的宠物机器人

很多家庭都喜欢养宠物，特别是老人更喜欢养宠物，甚至把宠物看作自己的家人。当然大多数小孩也非常喜欢宠物，把它们当作好朋友。不过，养过宠物的人都知道，养宠物固然好玩，但也会遇到很多麻烦事，比如要定时喂食，要处理粪便，更令人担忧的是宠物身上有各种寄生虫，还带有病毒，被宠物抓咬之后，可能会引发疾病。

现在有一种能够陪人说话的宠物机器人。什么？机器人也能当宠物吗？当然可以！这个宠物机器人十分有趣，它就像真的宠

物一样,不仅可以对人的声音和面貌进行识别,还能在人群中找到自己的主人,尤其是听到主人的声音时,就会表现得很亲密。它还拥有高兴、兴奋、惊奇和愤怒的表情,可谓是众多机器人中最"高级"的一种了。

这个宠物机器人还有一个特点,那就是当它感觉到自己能量不足的时候,不会发出警报向你求助,而是自己去寻找充电的地方为自己充电,充电完成后,还能重新启动,自行离开充电器。

看了这么多,你是不是也想赶紧拥有一台宠物机器人呢?不要着急哟,这种机器人不久就会上市,请你耐心地等待一下吧!

能参加足球赛的机器人

家里有球迷爸爸的小朋友，相信你们都领略过足球的魅力，它能让平时沉稳的爸爸疯狂不已！

如果你也喜欢足球，会不会觉得每隔四年才举办一次的世界杯不太过瘾呢？那就拉着球迷爸爸来看看这场特殊的足球赛——机器人足球赛吧！

踢足球机器人只有60厘米高，体重不足5千克，但他们可以像人一样完成简单的站立、行走、侧身移动和跑步等动作。机器人通过"眼睛"将比赛中敌我双方的位置传达到计算机当中，再通过计算机软件处理后，确定自己的位置与角度；并通过"嘴巴"与监控人员相互协调，最后用"双腿"完成动作。

机器人之间的足球赛，在国外已举办了很多年。当然，这种机器人之间的足球赛事远不能像真人之间那样激烈，它们只是模仿足球运动员进行比赛。虽然现在看机器人踢足球还不

是那么过瘾，但有科学家预言，再经过一段时间的努力，随着足球机器人智能化的提高，它们有可能会打败世界杯的冠军足球队！所以，大家拭目以待吧！相信那绝对会是一场盛况空前的比赛！

消防机器人会跳舞吗？

目前，世界上出现了一种机器人，名称叫作CHARLI-2，它完全可以替代消防员冲入浓烟滚滚的火中，可以爬楼梯以及穿越狭窄的过道，模仿人类进行灭火工作。其实，它更可谓是个舞蹈明星呢。原来，该机器人身手不凡，能将当今最流行的《江南Style》舞蹈跳得有模有样。

让人感到亲切的心理医生机器人

你知道么，身体好并不能代表着健康，因为心理疾病同样也可以成为人们的困扰。比起减缓身体上的疼痛，想要医治好心理上的创伤，似乎更加不容易。因为深受心理疾病困扰的人们，很可能不想和心理医生对话，这该怎么办呢？

或许，荷兰科学家们发明的心理医生机器人，可以帮助人们解决一些暂时或长时间来的生活各个方面的困惑。

这位"精神导师"最神奇的地方，就是它掌握着一套神经语言程序。在工作时，它和普通的心理医生一样，和前来咨询的病人聊上几句。别小看这个过程，在交谈的过程中，它可以获取病人的许多信息，然后，运用头脑中的图文语音处理系统，把自己的"处方"变成图像和文字交给病人。

不过，我们也许会觉得难以置信，难道一场和机器人的对话，真的可以解决人们的心理问题么？心理医生机器人的头脑中，储存的数据库究竟有多么庞大，才能够针对每一个病人开出药方？

其实，"精神导师"可并不是通过搜索答案列表来给病人们治病的。还记得前面所说的神经语言程序么？科学家们认为人们的所有行为都和思维模式有关，而思维模式往往又会通过交谈和语言表现出来。"精神导师"正是在交谈中，了解了病人的思维模式之后，再提出恰当的问题，改变病人的思维逻辑，引导他们自己寻求答案，进而解

决人们心中的困惑。

　　当然，除了这种机器人之外，还有一种更加简单的心理医生机器人。这种机器人是通过安装在身上的隐藏摄像头，记录下病人的一言一行，然后，真正的心理医生就会根据这些影像资料，来医治人们内心深处的创伤。

　　怎么样，没有想到吧，机器人也能协助医生，为我们的健康保驾护航呢。

功能强大的导盲机器人

你看过《导盲犬小Q》吗？看过的小朋友，你们一定会被电影里导盲犬小Q的行为所感动！正是因为导盲犬的出现，盲人的世界中才多了很多的乐趣，使盲人感受到生命的快乐。但训练一只导盲犬需要很长的时间，而且狗的寿命只有十几年，不能长期为盲人服务。因此，科学家研制了一种导盲机器人。

导盲机器人是为视觉障碍者提供服务的。早期的导盲机器人比较简单，是一种装有遥感器的小型电子装置，最主要的功能是探测行进前方是否有障碍物，当发现障碍物时，导盲机器人会发出提示，让盲人能够躲避障碍物。

　　现在研制的导盲机器人比较先进。在它的身上装有遥感器和电脑系统。在为盲人引路时,电脑系统会根据遥感器装置收集路标数据,并进行数据对比,制订出最适合前行的路线。

　　这种导盲机器人很厉害吧!但它也有不足之处,例如它不能像真正的导盲犬那样自如地行走,不能爬楼梯、不会跨越障碍物等。但在不久的将来,随着微电子技术和机电一体化技术的发展,一定会出现智能型的导盲机器人,它们会像导盲犬一样,为盲人提供优质的服务,成为视觉障碍者的好朋友和好帮手。

能够在天空中飞翔的机器人

前面介绍了这么多的机器人,可它们都只能在地面上移动,那有没有能在天空中像小鸟一样飞翔的机器人呢?答案当然是肯定的。

现在,科学家们已经研究出了一只长得和小鸟一模一样的机器人,它的名字叫作Smartbird。它不仅长得和小鸟一样,就连飞翔的动作也和小鸟一样,它能够扑打翅膀,还能按照一定的角度旋转。是不是很神奇呢?你想不想知道这种机器人是怎么飞翔的呢?

原来，科学家们受到了一种叫作银鸥的鸟的启发，通过转动机器人体内的两个轮子，来控制它们拍打翅膀的动作。而这两个轮子，就像蒸汽火车的轮子一样，它们之间用牵引杆相连，当牵引杆轮流向翅膀提供能量的时候，机器人就会扇动翅膀。科学家们利用无线电远程控制机器人，通过调整控制板，科学家们就可以让机器人做出旋转、俯冲等动作。当然，这个无线电远程控制存在距离限制，不过大家不要担心，因为一旦机器人不慎飞出了控制区，它会在天空中自主滑翔。

而且，别看这种机器人这么善于飞翔，可它们却不像其他机器人那样浪费材料，它们简洁的用料可以将能源消耗降到最低。

抬头望一下天空，看看那些正在飞翔的小鸟，没准其中就有一只是机器鸟哟！至于它的用途，也许会在未来的某一天里潜伏在鸟群之中，帮助动物学家们更好地了解小鸟生活的习性吧。

能够登上太空的机器人

你们是不是很羡慕那些能够登上太空的宇航员呢？不过登上太空可不是简单的事情哟，能够登上太空的宇航员都是经过严格的训练层层选拔出来的，而且他们是众多宇航员中最出色的。

不过，除了宇航员，还有其他"人"也能登上太空，他们和宇航员一样伟大！没错！它们就是太空机器人。

这种太空机器人是一种在航天器或空间站上作业的具有智能的通用机械系统，它们拥有机械臂和电脑，能实现感知、推理和决策等功能。而且，它们还能像人一样在事先未知的空间环境里

完成各种任务。

但是,太空机器人在微重力、高真空、超低温、强辐射、照明条件差的空间环境下的工作表现和它们在地面上的工作表现存在很大差别。毕竟机器人是在失重的环境下进行工作的,所以它的空间视觉识别以及视觉与手爪的配合能力都会受到影响。为了解决这一问题,科学家们正在努力弥补太空机器人的这个缺点。

机器人的控制系统

想操纵机器人,最重要的就是机器人的控制系统。机器人都有哪些控制系统呢?让我们一起来看看吧!

机器人的控制系统分为两种。一种是集中式控制,一种是分散式控制。集中式控制就是所有的机器人均由一台微型计算机控制,而分散式控制则比较麻烦,分散式控制需要采用多台微机来控制每一个机器人,若是想要机器人完成不同的动作,还需要对它下达多次命令。所以,现在家用型机器人大部分都是集中式控制型机器人,这样更方便操作哟!

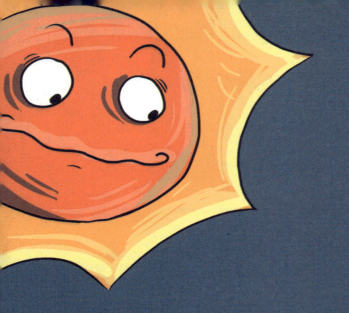

探测月球的机器人

你听过嫦娥奔月的神话故事吗？为解开月球的秘密，科学家不仅努力研究出了火箭和宇宙飞船，而且还研制了可以在月球上进行探测的机器人。科学家们希望它能帮助人类揭开月球的秘密。

日本科学家研制出了一个叫作"鼹鼠"的机器人。就像这个名字一样,它身上装有挖掘和排砂的装置,能钻入月球地下11米深的地方。它不仅可以在月球表面进行挖掘,还可以推动自己向更深的地下前进。"鼹鼠"机器人的身上还装有太阳能电池,不用担心充电的问题。研究人员在地球上可以接收机器人从月球上发回来的探测信息,可供研究使用。

同学们是不是很羡慕这些能在月亮上进行考察的机器人呢?不要着急,随着科学家们对月球的不断了解,也许有一天,人们

会在月球上建造起空间站来,那样,到月球旅行也就不再是幻想了。

机器人的检测装置

为什么每个机器人都有检测装置呢?这是因为检测装置能随时检测机器人的运行状况和工作情况,这正是我们重点关心的内容。机器人的检测装置自动检测完毕后,会将结果反映到控制系统中,我们在显示屏中就可以看到机器人的检测信息。

这个检测装置就像电脑里安装的杀毒系统,它可以让人们轻松地了解到机器人的工作情况,还能对机器人进行调整,以保证机器人拥有最佳的状态。

挺进火星的机器人

除月球外，人类最想要了解的星球就是火星。因为火星是太阳系中轨道最接近地球的行星，也有明显的四季变化。人类希望能在火星上探测到生命，也希望火星是适合人类居住的星球。近百年来科学家都没有放弃研究这颗星球，一直在努力揭开这颗星球的神秘面纱。

科学家为了解火星，专门做了一个机器人。这个火星机器人由轨道器和着陆器组成。当它进入火星的轨道后，就会绕火星运行。到了一定的角度时，机器人的轨道器和着陆器开始分离，轨道器还会继续绕火星飞行进行考察，着陆器就会以一定的速度进入火星表面。当然了，为了不让机器人受伤，它会自动打开降落伞，依靠火星中大气的阻力安全地着陆，然后对火星进行实地考察。

　　1996年一个叫作"火星全球勘探者"的机器人经过10个月的"旅行",抵达了火星的绕行轨道。它绘制了火星的地形图,记录了火星的天气变化,分析了火星上的大气成分,让科学家更加了解火星。

　　就这样,越来越多的机器人被科学家们送上火星,它们没有辜负科学家的期望,它们从火星上带回了火星土壤供科学家们进行研究。经过多年的努力,科学家们已逐步揭开了火星的神秘面纱。有的国家正在训练火星宇航员,相信人类想要登上火星的愿望不久就会实现!

会潜水的机器人

大海蕴藏着无限秘密和宝藏,然而,如何潜入深海却成了困扰科学家们的难题。那么,有没有一种机器人可以帮助人们走进大海呢?

潜水机器人也叫作潜水器,它们的主要任务是潜入水下代替人类完成任务,这种潜水机器人种类很多,"阿尔文号"潜水机器人无疑是世界上最著名的深海考察工具。

不过,深海中的强大压力和海水的腐蚀效应可不是闹着玩的,那么"阿尔文号"是怎么帮助人们在深海中进行科考工作的呢?

这还要从"阿尔文号"外部结构的材质说起。"阿尔文号"的外衣是以金属钛作为"面料",它既可以承受高强度的深海压

力,又可以抵抗海水的腐蚀,科学家们坐在它的内部,就不用担心自身的安全了。铅酸电池不仅给它提供了动力,也给深海中的科学家们带来了光明。这样一来,科学家们就可以完成深海捕捞和生物、化学等领域的科研工作,甚至可以完成寻找"失踪"核弹、失事船只残骸和未知深海生命的工作了。

凭借过硬的本领,"阿尔文号"到达过四千米的深海,运送过万余名乘客,共取回六百多克珍贵样品。

怎么样?看到这些潜水机器人,你们是不是也想要跟着它们进行海底冒险呢?那就赶紧进入潜水机器人的体内吧。坐好哟!咱们可要向深海出发啦!

会扫雷的机器人

在海中，最常出现的武器就是水雷，交战的一方常常会通过增加海里的噪声和搅浑海水来干扰另一方对水雷的探测。那么，在这种情况下我们该如何对付水雷呢？

没错！用机器人！相信前面的排爆机器人已经让你们大吃一惊了，而这种可以在水下扫雷的机器人，更会让大家眼前一亮！

这种扫雷机器人长约56厘米，重10.4公斤，身上还有一个3.17公斤的压载物。它们不仅能在水中行走，还能在海浪的掩饰下进行隐藏，若是海浪过大，扫雷机器人就会像螃蟹一样将脚埋进泥沙，并通过振动将自己隐藏在泥沙之中。扫雷机器人的脚很

大，目的就是携带传感器，以便于发现目标。当扫雷机器人发现水雷的时候，就会一把抓住它，然后等待控制中心传达命令。一旦收到引爆的信号，扫雷机器人就会通过自爆来扫除水雷。现在，科学家们正在进一步完善这种扫雷机器人，想要在机器人之间连接通讯信号，这样就可以提高扫雷机器人的工作效率了。

怎么样？这种扫雷机器人有没有让你们眼前一亮？其实，有很多机器人都已经开始参与军事行动了。除了排爆机器人、扫雷机器人外，还有军人机器人等，它们已经成为了军队中不可缺少的力量。

能够在水下"考古"的机器人

很久以来,抚仙湖底藏着失落古镇的故事,在人们之间广泛流传着,包括很多科学家们都想知道,在抚仙湖底究竟藏着什么秘密。然而要想深入水下考古并不是一件容易的事情。传说中的那片古镇埋葬在七十多米深的湖底,而潜水员们最多也只能下潜到水下六十米左右。不过,别担心湖底的秘密会被永远埋葬,因为水下考古机器人可以帮助我们向湖底探寻。

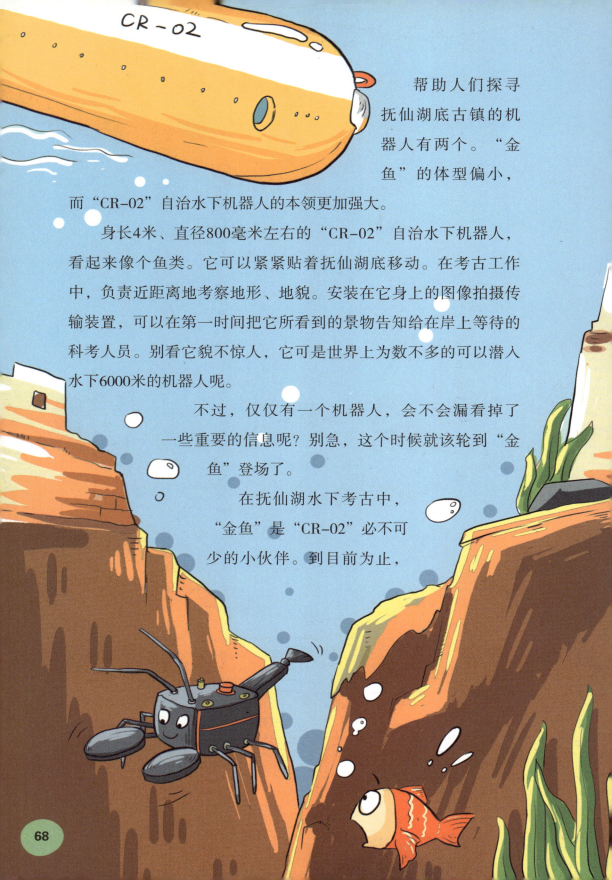

帮助人们探寻抚仙湖底古镇的机器人有两个。"金鱼"的体型偏小,而"CR-02"自治水下机器人的本领更加强大。

身长4米、直径800毫米左右的"CR-02"自治水下机器人,看起来像个鱼类。它可以紧紧贴着抚仙湖底移动。在考古工作中,负责近距离地考察地形、地貌。安装在它身上的图像拍摄传输装置,可以在第一时间把它所看到的景物告知给在岸上等待的科考人员。别看它貌不惊人,它可是世界上为数不多的可以潜入水下6000米的机器人呢。

不过,仅仅有一个机器人,会不会漏看掉了一些重要的信息呢?别急,这个时候就该轮到"金鱼"登场了。

在抚仙湖水下考古中,"金鱼"是"CR-02"必不可少的小伙伴。到目前为止,

"金鱼"可是国内体重最轻,身材最娇小的机器人,这样一来,它便可以进入更加狭小的水域进行拍照工作。而且,它还可以以每小时4千米左右的速度,在水中连续工作两到三个小时。虽然它没有机械手臂和探测仪器,但是却可以运动自如,并且同样拥有无线传输图片的功能,有了它们之间的相互配合,自然会带给我们更加丰富的信息了。

没想到吧,潜水员们难以完成的工作,对于机器人来说只是小菜一碟。相信在不远的未来,更多的水下考古机器人会帮我们发现更多水底的秘密。

你参观过世界机器人博览会吗?

小朋友们,你们有没有参观过2010年在上海举行的世界博览会呢?那你们听说过世界机器人博览会吗?

其实,当上海正在举办世界博览会时,德国也在举行着另外一个世界博览会——世界机器人博览会,这是一个关于机器人和自动化技术的贸易博览会。在这里,我们可以了解到当今世界最先进的机器人与自动化技术,以及各种关于它们的独特创新和具体应用。

怎么样?想不想去看看呢?那就准备好你们的问题,等到下届世界机器人博览会的时候和科研员们进行交流吧。

可以在水面上行走的机器人

你知道世界上哪种动物能在水上行走吗？那就是皇冠鬣蜥。这些小家伙只有90克的体重，只要受到惊吓，它们就会飞快地跑开，连"水上轻功"这个绝技都会被它们施展出来。

你们还不知道吧，有一种机器人也能在水面上进行行走！

俗话说"只有想不到，没有做不到"！科学家们正是参考了皇冠鬣蜥的"水上轻功"，才研制出了这种能够在水上行走的机器人。它拥有12条不溶于水的线"腿"，每一条腿长5厘米，它们负载着1克重的身体。这个能在水面上行走的机器人，有专门负责

划水的腿推动它的身体在水面上运动。但是，由于这种机器人的体重较轻，所以无法在水波较大的水面上行走。

别看这个机器人的个头小，但是它的用途却很广，它能够在环境监测、教学、娱乐等行业中使用。怎么样？这个水面上行走的机器人很厉害吧！想不想也试试做一个比这个还要厉害的机器人呢？那就开动你的脑筋，发挥你的想象，做出你的机器人吧！

能在水底探险的机器人

　　海底蕴藏着很多的能源。这些能源包含了我们平时所说的矿产资源和生物资源。但是，由于海洋面积宽广，海水幽深，让一心想要开发海洋资源的人类望而却步。

　　现代社会，科技发展迅猛，机器人的出现更是带给了人们很多好处。所以面对大海，科学家们怎么可能轻易放弃探寻呢！于是水下探险机器人就这样出现了！

　　这种"探险"机器人可以深入海底进行探测。在水中，它们会通过声讯系统接受监控者的指令，然后根据命令进行搜索、观

测、识别、取样、打捞等工作。这种水下探险机器人真是帮了科学家们的大忙，通过它们从深海中带回来的检测报告，科学家们可以更加详细地了解海洋，了解海洋中那些潜在的宝藏！

　　要知道，探险机器人对人类的作用是非常大的，它们不仅能够帮助我们看到海洋深处的世界，还能帮助我们发现新的资源，让我们以及我们的后代看到新的希望！

核工业机器人

有人说,核能的发现是科学家们为人类作出的最大贡献之一。因为这种清洁高效的能源,对于正在面临资源枯竭的我们来说,犹如沙漠中的一泓清泉。如今,全世界核能发电量已经占到了总发电量的17%,可是在我们享受核能为我们带来的便利之外,核电厂的工作人员也不得不面临核辐射的危险。不过现在,一种核工业机器人,已经可以帮人们分担一部分工作了。

　　为了能够在核电厂里工作，工程师们为这种机器人安装了十分灵活的身体，它们拥有履带或轮胎式的双脚，可以在车间里自由移动，甚至还可以绕过障碍物。当然，在它们身上，摄像机和传感器是必备的工具，有了这些工具，它们才可以探查工厂内设备的运转情况，并且将视频图像资料传递给工作人员。

　　别以为核工业机器人还只是停留在设计师的头脑中，早在20世纪50年代，它们就已经开始在核电厂中大显神通了。而且，随着科学技术的发展，它们的外貌和本领也在进一步改进中。

　　就像最近日本最新研发的一台核工业机器人，它的身高大约为1.2米，宽度不超过0.7米。

安装有"关节"的双腿，不仅可以让它们行走更灵活，同时还可以上下台阶。在它的机械手臂上，装有很多个传感器，而灵活的手指可以在操纵者的控制下，开展核设施的检查维修工作。

到现在为止，世界上已经有几百台核工业机器人了，而科学家们依然没有停止对它的研究与开发。也许有朝一日，这些机器人将代替更多的工人在核电厂工作，为我们提供更多的清洁能源。

电影中的机器人

很多电影和动画片中，都会出现机器人。前面已经说过，"机器人"的这个名称就来源于电影。但相信细心的小朋友们已经发现了，在电影中的机器人与现实中我们看到的机器人的样子完全不一样。比如在电影《我，机器人》中，以人为原型制造出来的机器人身体相当灵活，但是在现实生活中却根本没有身手如此矫捷的机器人。

电影虽然是虚幻的，不过小朋友们不要灰心哟，因为这些电影代表了当今人类的想象和期望，像铁臂阿童木、阿拉蕾、瓦力等等，这些小朋友们所熟悉的机器人，已经成为科学家们的研制目标了。

训练有素的士兵机器人

士兵的天职是保卫国家,保卫人民。虽然现在是和平年代,但是军队却不能有丝毫的懈怠,要时刻保持警惕,这样才能有备无患!

科学家为减少战场上士兵的死亡,研制了一种士兵机器人,这种机器人就像训练有素的士兵一样,不仅可以执行侦察任务,还能与敌军相互较量。在伊拉克与阿富汗的战争中,美国就派遣了他们的机器人部队。

这种士兵机器人其实是一个能进行运算、会记忆且能处理很多信息的机器,

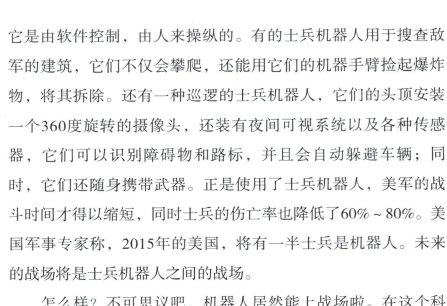

它是由软件控制，由人来操纵的。有的士兵机器人用于搜查敌军的建筑，它们不仅会攀爬，还能用它们的机器手臂捡起爆炸物，将其拆除。还有一种巡逻的士兵机器人，它们的头顶安装一个360度旋转的摄像头，还装有夜间可视系统以及各种传感器，它们可以识别障碍物和路标，并且会自动躲避车辆；同时，它们还随身携带武器。正是使用了士兵机器人，美军的战斗时间才得以缩短，同时士兵的伤亡率也降低了60%～80%。美国军事专家称，2015年的美国，将有一半士兵是机器人。未来的战场将是士兵机器人之间的战场。

怎么样？不可思议吧，机器人居然能上战场啦。在这个科技日新月异的时代中，机器人正逐渐走向各个领域，为人类带来更多的便利。

不知疲倦的保安机器人

生活中,我们在许多地方都能看到身穿制服的保安。保安是半个警察,能够维持社会秩序,震慑坏人,使我们的家庭财产免受不法分子的侵害。但是保安需要休息,也会有疏忽的时候,这时不法分子就会钻空子,做一些偷盗、抢劫的坏事。为此,科学家们研制出了一种不知疲倦的保安机器人。

美国国防部研制的保安机器人主要有两种类型:"机动探测评估反应系统"(MDARS)机器人和爆炸物处理机器人。而"机动探测评估反应系统"保安机器人又分为室内型和室外型两种。它们主要用于执行各种安保任务,如巡逻放哨、威胁评估、情况

判定、火警和空气检测、探测与阻止入侵者等。室外型保安机器人用于室外，如在机场、车站等地。室内型保安机器人主要用于仓库和办公大楼等场合。

科学家在保安机器人身上安装了各种武器，一旦发现危险情况，它们会立刻向监控人员发出信号。当保安机器人接收到监控人员发出的攻击信号时，它就会利用自己身上的武器发起进攻，压制敌人，保障人们的生命与财产安全。

美国新泽西州已开始使用这种保安机器人了！在一家制药厂中，一台保安机器人正在来回巡逻，它不仅是一台有专业观察能力的监控器，还是一台能够移动的监控器，这样的设计可以让监控人员更全面地观察制药厂的各个角落。保安机器人的应用，为人类生活带来了极大的便利！

有趣的喷漆工机器人

生活中,有许多物品表面都要喷漆,如家具、汽车等。喷漆后的物品不仅更加美观,而且由于漆层的防水、防锈功能会变得更加耐用。当然,这些都是喷漆工人的功劳。喜欢学习、爱动脑筋的小朋友们都知道,未干燥的油漆中含有多种对人体有害的物质。若长期在油漆气体弥漫的场所工作,容易患上各种疾病,给身体带来极大的伤害。为此,科学家研制出了喷漆工机器人!

喷漆工机器人会移动，有灵巧的会喷漆的长手臂，能做出很多复杂的动作，它们的腕部也非常灵活，能伸进物品上的小孔里，对物体内部进行喷漆作业。喷漆工机器人的体内有计算机和驱动系统。驱动系统采用液压装置，有液压油源、油泵、油箱和电机等，由计算机对驱动系统进行控制；不仅工作速度快，而且还具有防爆的功能。

现在喷漆工机器人已经投入到工业生产中了，它们在汽车、仪表、电器、搪瓷等工厂中被广泛使用。能干的喷漆工机器人，既能提高工作效率，又保障了喷漆工人的身体健康。

机器人与人的关系

现在，机器人已经进入到了很多的行业中，今后它们所覆盖的领域将会更多，这就让人与机器人的关系变得更加的微妙。

美国虽然是最早研制出机器人的国家，但是他们国家的机器人数量却远远不及日本。这是因为美国人认为机器人会抢了他们的"饭碗"，机器人虽然很方便，但是会让国民有失业的风险。而日本很喜欢这些能干的伙伴的原因是日本的人口较少，机器人可以提高它们的生产力，拉动经济增长。

奇妙的搬运工机器人

看到泰山顶上的大型古建筑，你是否会赞叹古人的智慧呢？要知道，这一砖一瓦可都是人们从山底下一点一点搬上去的。

在科技如此发达的今天，仍有很多物品需要人力进行搬运。例如易碎的物品需要轻拿轻放，只有人才能掌握好这个分寸。不过，人的体力是有限的，这大大影响了工作效率，该怎么办呢？为了解决这一问题，科学家们研制出了搬运工机器人。

搬运工机器人是自动控制领域出现的一项高新技术，涉及多个学科领域，已经成为现代机械制造生产体系中的一项重要组成部分。它最大的优点是可以通过编程完成各种预期的任务，自身结构和性能也拥有人和机器的各自优势，对工业的发展起到了重要的作用。

搬运工机器人有很多种,有一种机器人化装载机。它的样子很像前面装有一个大铲的重型汽车,它一次可以运走5吨重的原煤、铁矿砂等。机器人化装载机引入计算机技术、控制技术和微电子技术,是配置先进的机、电、液、讯一体化的产品;内附有工作装置操纵系统、故障自诊断系统、电子监控系统和三级报警系统等。

有一种搬运工机器人是自动多向高架无轨堆垛机,它是一种适用于主体高架仓库的成套货物搬运的设备。它可以在主体仓库中多条货架巷道中工作,机动性能好且操作方便。它由网络控制,能够做需要转向、牵引、起升、前移、侧移、倾仰等八个自由度的工作。它的人机交互和系统监控全部实现了计算机控制。

有一种搬运工机器人是用来装载彩色玻璃的。它的上盘体与下盘体之间连着螺栓,上、下盘体之间设有真空仓。吸盘下盘体的盘面上有很多真空孔,方便搬运时固定货物,配合上盘体中的各种装置,让它们在搬运物体时,能够让物体稳稳地落在地上。

搬运工机器人的出现,大大减轻了搬运工的劳动强度、提高了工作效率。在生产生活的各个领域,需要越来越多的搬运工机器人的加入!

对装配很在行的机器人

无论是高级电器还是一般的电器，都是由一个个小零件装配出来的。装配工作看起来很简单，但却容不得半点马虎。然而工人叔叔在工作的时候，总是难免有所疏忽。为了解决这个难题，科学家们研发出了一种装配机器人，希望它们可以代替工人叔叔们工作。

不过，笨重的机器人，真的能够看清小小的零件，并且把它们装配到位么？

PUMA是1997年在美国出生的多关节装配机器人，它的腰部、肩部、肘部手臂等等部位都可以弯曲旋转，甚至可以做出扭转的动作来。而它的大脑，则是由一台微型计算机组成。在这台计算机里，科学家们早已为它准备好了伺服系统、输入输出系统。有了这台大脑的支持，它就可以读懂我们的指令，并且支配它的身体去完成工作了。当科学家们为它输入"APPRO PART，50"这样一句指令时，它就会自动把手臂伸展到PART上方50毫米的地方。

而另一种出生在日本的SCARA机器人,则是在工厂中应用最多的机器人。人们之所以喜欢SCARA机器人,是因为它的手爪在水平方向上移动时,有着很好的柔顺性,这可以在很大程度上降低操作上的误差。

不过,不管是哪一种装配机器人,几乎都具有精度高、柔顺性好、工作范围小、能和其他的系统配套使用等独特特点。

如今,这些装配机器人早已经开始为我们服务了。在计算机、电视机、录音机、洗衣机、汽车及其部件、电冰箱和吸尘器等机电产品及其组件的制造工厂里,我们都可以看到装配机器人的身影。

不怕危险的高压电工机器人

在城市的郊区有一座座高压线塔,高压线塔之间悬挂着粗壮的线缆。它们传输电压1千伏至500千伏的交流电,它们就是国家电网。

我们都知道,不能轻易接近高压线,因为通电的导体具有磁场,可以瞬间把人烧伤。然而电工师傅们却不得不爬上高压线塔来检查电路,为了降低一些电工师傅们的工作危险,科学家们特意研究出了一种可进行高压作业的机器人来帮助人们工作。

这种高压线作业机器人,实际上是一种很复杂的机电一体化系统。虽然它体积小，重量轻，但本领却很强大。

在这种机器人身上，科学家们为它装配了充足的电源和科学仪器，它们既可以沿着高压输电线自动行走，完成巡检线路的任务；也可以用灵巧的机械手臂"握住"高压线，来修理损坏的电路。同时，在它们身上还装有红外探头，这样一来，它们就可以在巡查线路的时候，收集周边环境的数据，检测输电线路的使用程度了。

因为体积小巧，所以，这种机器人格外灵活，它们不仅可以爬坡，还能轻松地跨越高压线上的防震锤和耐张线夹等设备。可以说，有了它们的帮忙，电工师傅们的工作危险性得到了大大的降低呢。

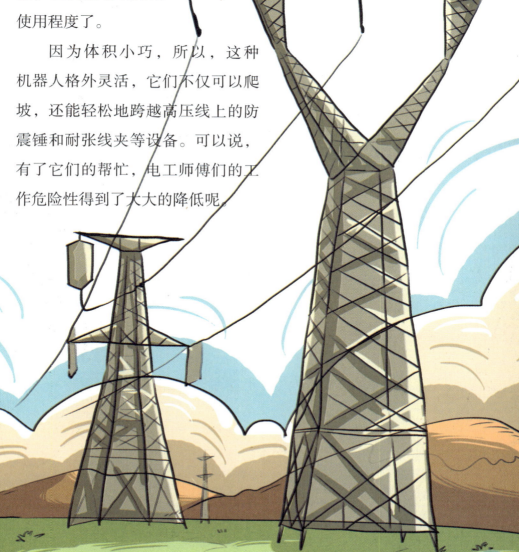

随着科学技术的发展，除了高压线作业机器人之外，变电站设备巡检机器人也被科学家们制造了出来。它们除了和高压线机器人一样，具有巡查线路、检测电路使用程度的功能之外，还可以运用自身携带的红外和可见光摄像头进行图片拍摄。而这些图片，正是电力工业中珍贵的第一手资料。

现在，中国研制的机器人已经在110千伏、220/330千伏和500千伏输电线路上获得了一定的成果。相信在不久的将来，你就能看到高压电工机器人在高压线上作业的情景了。

世界上的第一台机器人

认识了这么多的机器人，你知道世界上第一台机器人是何时诞生的吗？让我们一起来认识一下这个机器人世界中的"大哥大"吧！

其实，在20世纪60年代初期，第一台机器人就已经"诞生"了。它是一台工业机器人，它长得很像坦克的炮塔，基座上只有一个机械臂，臂上还有一个小一些的机械臂，这个小一些的机械臂只能绕着轴在基座上旋转做简单的"张开"和"握拳"的动作。

别看这台机器人设计得还很简单，你知道吗，正是这台机器人的出现，才为今后能够研制出更多不同类型的机器人奠定了基础。

勇闯火山的机器人

相信你一定在电影里看到过很多火山喷发的场景。在人们的印象中，火山是神秘而危险的，关于火山，人们还有很多不了解的谜团。然而，到火山附近去探险或进行科考活动并不是一件安全的工作。怎么办呢？好吧，还是让机器人来帮科学家们解决这个难题。

想成为勇闯火山的机器人其实并不容易，这需要机器人拥有强壮的身体，可以经受住高温和有毒气体的考验，并且可以轻松行走在各种复杂地形之中。可即使条件如此苛刻，依旧不能挡住机器人闯入火山的勇气和热情。

"但丁2号"算得上是火山机器人家族中的元老了。在它的身上，科学家们为它安装了样品采集装置和数据传输装

置。1994年，它被派去了阿拉斯加，并且成功爬进了火山口，从火山的底部收集到了珍贵的火山喷发遗留物，并且通过它的扫描系统，绘制出了一张火山口的地形图。由于它出色的表现，科学家们对于让机器人来承担火山探险任务的信心大大增加。

火山除了分布在陆地上，也出现在海底。而英国科学家研制的"Autosub 6000"就潜入了海底，对加勒比海6000米以下的海底火山进行了详细的勘探。"Autosub 6000"类似于一个全自动的潜水艇，即使是在深度达6000米的海底，它也不需要人们操控就能完成多种考察任务。这为科学家们了解极端生存环境中的生物以及海底的地质结构提供了重要的帮助。

有了这些机器人的帮忙，也许有一天，我们可以了解火山的全部秘密。

真正的机动战士——救援机器人

机器人真可谓神通广大,它还被应用于自然灾害的救援中。如发生大地震时,当公路遭到破坏,救援人员和救援物资无法及时送达受灾地点,这给救援行动带来了很大的困难。此时救援机器人则能够大显身手。

这种救援机器人只有几厘米宽，由若干个装有铁磁微粒、水以及润滑剂的橡胶囊组成，爬行的阻力很小，而且每两个橡胶囊之间由一副橡胶棒连接，通过磁场的作用推动机器人前行。它们能像虫子一样爬进废墟之中，监控人员就可以通过它们头上的彩色摄像机、热成像仪与通讯系统清晰地看见废墟里面的情形，能更快地在废墟中发现更多的生还者，大大缩短了救援的时间，以便更快更准地援救幸存者！

目前这种大有用处的救援机器人没有广泛地应用，原因是制造技术比较先进，很多国家还未掌握，因此未能普及。当然，在不久的将来，大家一定能看到救援机器人和救援人员们一起抢险救灾的身影！

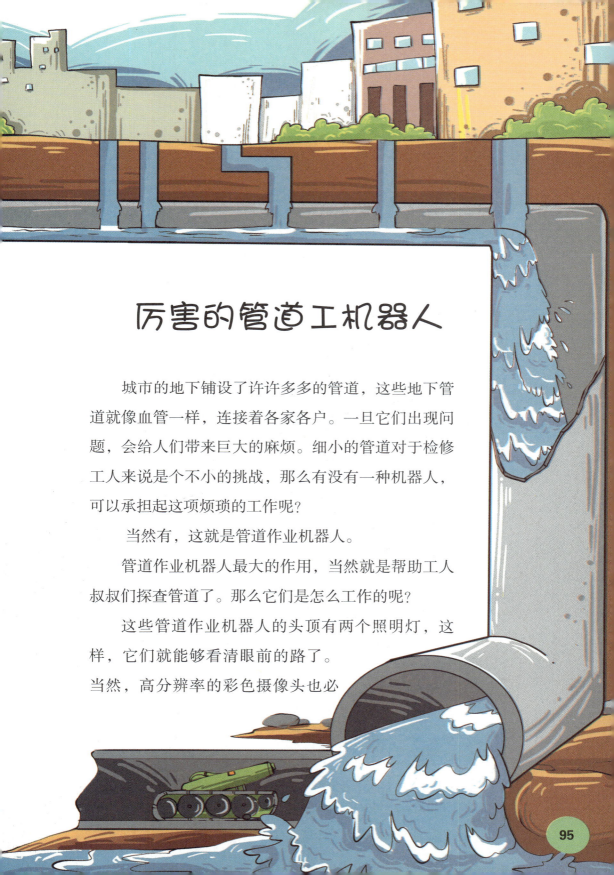

厉害的管道工机器人

城市的地下铺设了许许多多的管道,这些地下管道就像血管一样,连接着各家各户。一旦它们出现问题,会给人们带来巨大的麻烦。细小的管道对于检修工人来说是个不小的挑战,那么有没有一种机器人,可以承担起这项烦琐的工作呢?

当然有,这就是管道作业机器人。

管道作业机器人最大的作用,当然就是帮助工人叔叔们探查管道了。那么它们是怎么工作的呢?

这些管道作业机器人的头顶有两个照明灯,这样,它们就能够看清眼前的路了。当然,高分辨率的彩色摄像头也必不可少。在它们的脚下,还有几个轮胎,有了这些轮胎,它们才能自由行走。当然,这还不是它们的全部。在它们的身后,还有两条长长的电线,用来传输它们所看到的图像,并接受人们的指令。

这样一来,在人们的操作指挥下,这种管道作业机器人的头部,可以来回旋转,随意升降,然后,它们就可以把管道内部的状况拍摄下来,实时同步传输给工作人员了。

"机器人之父"——约瑟夫·F.恩格尔伯杰

看到这么多为人类提供服务的机器人,你想知道是谁首先研制出机器人的吗?

约瑟夫·F.恩格尔伯杰被誉为"机器人之父"。他与乔治·德维尔在20世纪50年代末就发明了工业机器人,是服务性机器人的主要倡导者。服务性机器人的好处有哪些呢?一起参观一下恩格尔伯杰的办公室就知道了。

恩格尔伯杰的办公室里有一个矮胖的真空吸尘机器人,这个机器人是专为清扫超级市场、工厂和飞机场等处的地面而设计的。恩格尔伯杰还有一个很大的家务机器人,它会做饭、扫地、割草、扫雪、甚至维修家电设施,但是恩格尔伯杰至今还没有教会它铺床、叠被。它的功能还有待进一步完善!

　　管道作业机器人的身材比较娇小，在直径为300到1500毫米的各类管道中，它们都可以自由行走，畅通无阻。就像我们最熟悉的天然气管道，只需把机器人放进天然气管道内，它就会沿着细小的管壁爬行。它会用摄像头拍摄管道内壁的情况，能把图像数字化，以无线方式传出，使外面的操控人员能够清晰地看到管道内壁的情况，并及时采取措施，消除安全隐患，保证天然气的顺利供应。

　　这个管道机器人很厉害吧！机器人之所以这么厉害，其实是研究人员智慧的成果。所以，小朋友要努力地学习，长大后设计出更加有用的机器人，让人类的生活变得更加的美好！

会喷射混凝土的机器人

矗立在城市中的一座座的高楼大厦离不开钢筋和混凝土,而混凝土的结构,对于建筑物的坚固程度,有着至关重要的影响。为了让我们的居室更加安全,工程师们发明了会喷射混凝土的机器人来完成这项艰巨的工作。

如果我们仔细观察一下就会发现,在建筑施工中,常常会因为混凝土回弹而带来四处飞溅的细小砂石,工人师傅们不仅会因此而无法抬头和睁眼,还会导致喷枪口不受控制,难以保持与受喷面的最佳距离。

不过，有了活动灵活的喷浆机器人，这个难题就得到了彻底的解决。既然是可以喷射混凝土，这种机器人必然有着灵活的手臂和一把喷枪。为了能让它的手臂灵活运转，工程师在它的身上安装了大大小小的马达、连杆机构，以及可以帮它转动手臂和身体的支架，而工人叔叔们只需要坐在操控室中就可以完成喷浆作业了。它不仅节省了大量材料，还加快了施工速度，让工程质量更有保障。

而且在城市建设中大显身手的喷浆机器人，还可以服务于各种建筑工程，不管是铁路、公路隧道，矿山巷道，水利和水电的隧洞、涵洞，还是地铁以及各种地下建筑，都是它们大显身手的舞台。而我国的第一台喷浆机器人，也已经在2000年正式上岗工作了。

会"爬壁"的机器人

壁虎是夏天经常见到的一种动物,它可以在墙壁、天花板或光滑的平面上迅速爬行。

你想过壁虎为什么不会从墙上掉下来吗?生物学家经过研究发现,原来壁虎的脚趾上长有像吸盘一样的微绒毛。

科学家受到壁虎的启发,研制出了一种能在墙上爬行的机器人,也就是大名鼎鼎的壁虎机器人。正如它的名字一样,壁虎机器人的外表就像一只大型壁虎。它的脚下有数百万根极其微小的毛发,每根毛发通过一种称为范德瓦尔斯力的分子间力吸附在墙壁上,借助这些毛发,壁虎机器人能够"飞檐走壁"。

不过,仅仅能够飞檐走壁的机器人似乎对

于我们并没有太多的帮助，于是，经过科学家们的研发和改进，它又具有了新的功能。

在科学家们为它安装上了清洁设备，并帮它安装了可以适应弧形墙壁和跨越槽沟的"双脚"之后，这个机器人俨然成了清洁达人，它可以根据人们的遥控，在城市中高大建筑的外墙上开展喷雾、清洗、刮洗等清洁工作。它一天的工作量，相当于四个熟练工人的工作量呢。

除了会清洁墙壁之外，这种机器人也被人们应用在了许多大型工程项目中。比如，为它装上探测器，它就可以在一些高大的金属罐上移动，开展厚度测量、探伤等等工

机器人的三原则

人类生活需要遵守法律，若触犯了法律，就会受到相应的制裁。现在，越来越多的机器人出现了，它们需不需要遵守"法律"呢？

机器人学之父阿西莫夫为机器人制定了三原则，这些原则就像法律一样，制约着机器人。这三原则是：第一条，机器人不得危害人类，不可因为疏忽危险的存在而使人类受害。第二条，机器人必须服从人类的命令，当命令违反第一条内容时，则不在此限。第三条，在不违反第一条和第二条的情况下，机器人必须保护自己。

正是因为这三条原则，机器人并没有打扰人类，而只是默默地工作着。也是因为这三条原则，很多想利用机器人做非法事情的人都无从下手。

作。如果再为它们安装上喷漆设施，它们还可以对户外的金属设施进行防腐处理。

有了这种"壁虎机器人"的帮忙，工人叔叔们的工作效率就得到大幅度的提高，而在未来，经过科学家们的不断努力，它们的工作范围，还会进一步扩大。

会给汽车自动加油的机器人

汽车可以在公路上飞驰，离不开作为能源的汽油。然而加油站里刺鼻的汽油味，却让人喜欢不起来。何况没有人会喜欢在加油站里排队。既然机器人可以帮助人们提高工作效率，那么给汽车加油这项工作，能不能交给它们来完成呢？

答案当然是肯定的！

世界上第一台可以给汽车自动加油的机器人出生在德国。它可是科学家们历时三年，耗资千万才研发出来的产品。这种机器人拥有一条修长的手臂，在它的手臂上，还装有光学传感器。只要人们在汽车的油箱上，贴上一个反射标记，它就可以准确地找到并打开汽车油箱。接下来，它会像真正的工作人员一样，拧开加油口的密封盖，插入加油软管。等到油箱加满后，再盖上密封盖，关闭油箱，而全部做完这些事

情，只需要几分钟而已。

不过，汽油的种类有很多种，每一种车辆要使用的汽油标号也不同，那么机器人是怎么区分出来，要为眼前的车辆加哪一种汽油的呢？其实在国外，司机们会把这些信息存储在电子信用卡上，在他们付款时，就已经选择好了自己的爱车需要的汽油。而机器人接收到了指令之后，也就可以自动开展工作了。

如今，这种机器人已经不再是实验室中的样品，相信不远的未来，在我们身边的加油站中，也可以看到它们辛勤工作的身影。

懂雕刻的机器人

雕刻是一门艺术，也是一种实用性很强的工艺技术，在人们的生活中有广泛的应用。中国的雕刻技术难学，这也是不争的事实。

现在有一种擅长雕刻的机器人，虽然它的

外貌最不像"人"，但它的心灵手巧却能超过绝大多数的雕刻家，这种机器人名叫三维电脑雕刻机。它的构型基础是直角坐标型机器人，采用的设计理念是图文编程自动走刀，集扫描、编辑、排版、雕刻等功能于一体，它是CAD/CAM一体化的典型产品，能够方便快捷地在各种材质上雕刻出形象十分逼真且精致耐久的二维图形和三维立体浮雕。这种机器人运用了多轴联动控制、轨迹插补、离线编程等机器人相关技术，并采用了PCNC的硬件结构和控制软件，可应用于模具、图文雕刻以及广告标志、工艺美术制作等方面。

有一种专门雕刻玻璃的机器人，能在易碎的玻璃上雕刻出美丽的图案。

雕刻机器人的出现不仅弥补了现在雕刻家的不足，也让更多的人领略到了雕刻艺术的魅力。

会书法的机器人

中国书法艺术博大精深，要成为一个书法家，不仅需要几十年的努力，而且还要有天赋才行。中国书法艺术的传播、继承和发展主要是依靠临摹前人的碑帖来完成的。在这种学习和模仿的过程中，相同的临摹对象，书写水平却因人而异。而在数字化技术飞速发展的今天，完全可以通过书写技巧的数字化处理，将中国古老的书法艺术让机器人完美地继承下来。

书法机器人系统是由机器人本体、机器人控制器、型号不同的若干支毛笔、连续打印纸、墨汁、印泥和印章等附件、上纸和切纸机构、机器人书写平台以及电源组成的。操控者可通过电脑控制书法机器人，选择书写的内容、字体等，这样机器人就会按照要求开始书写。书法机器人还能通过写字数量的多少，自动确

定字体的大小和文字的排版，从而更完整、合理、美观地书写出所要求的所有文字。

此外，它还能根据字体的大小从笔架上选择相应型号的毛笔，自己蘸墨、润笔、取纸，然后在空白部分开始书写。字写好后，书法机器人还会将毛笔放回到笔架上，抓取印章，在自己的作品上盖章，并烘干墨迹。

书法机器人可以完整地完成书法作品，全程不需要人工的参与。其实研制这种书法机器人的目的就是不让中国书法失传，让更多的人认识书法、懂得书法，从而喜欢上书法。

机器人的分类

随着科技的发展，机器人也越来越多地出现在我们的日常生活中。你们知道机器人的分类吗？现在就让我们一起来了解一下吧。

中国科学家从应用环境出发，将机器人分为工业机器人和特种机器人两大类。工业机器人是为工业领域研发的、拥有多关节机械手或多自由度的机器人。特种机器人是用于非制造业，服务于人类的各种先进机器人，包括服务机器人、水下机器人、娱乐机器人、军用机器人、农业机器人、机器人化工程机械等。

国外大部分国家是从应用环境出发，将机器人分为制造环境下的工业机器人和非制造环境下的服务与仿人型机器人两大类。

会配药的机器人

大城市的医院总是人满为患，病人去医院，肯定会被挂号和领药排长队的情景惊呆了。尽管医院已开始实行电话预约，解决了挂号排队的问题，但是排队领药的问题仍然存在。

为了解决这一问题，科学家研制出了一种能配药、发药的机器人。这种机器人体内安装有无线接收装置，医生用电脑为患者开出药方时，药方就会转化为数字信号以无线方式传给机器人。这样，机器人拥有患者的药方信息后就开始配药，同时患者的信息与所需要的药品就会自动显示在大屏幕上。患者到药房取药时，只需要扫描一下处方上的条形码，机器人身上的灯就会亮起

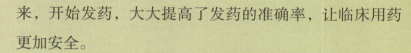

来，开始发药，大大提高了发药的准确率，让临床用药更加安全。

这种能配药、发药的机器人还有一个特点，就是肚子特别大！它的大肚子里面最多可储存1152种、超过2万盒常规药品！同时，配药机器人的大肚子也改善了药品的保存条件，可以让药物的疗效达到最好的状态。有了这种懂得配药的机器人，以后看病就会十分方便。它不仅减少了排队等待的时间，还能省掉人工配药的环节，减少了差错的出现。

也许你还没有见过这种机器人，但有的医院已经开始使用它们了。相信在不久的将来，你会在医院里看到这种机器人配药、发药的情景。

"护士型"机器人

医院里有很多护士,他们是医生的助手,他们为患者打针、送药、量血压、测体温……为患者的康复做了大量的工作。医疗界中有一句话是"三分靠治疗、七分靠护理",由此可见护士的重要性。但护理行业人才稀缺,很多医院都没有足够的护士,因此很多患者得不到充分的护理。

为了解决这一问题,科学家研制出了一种护士机器人,它能尽心尽职地从事护士工作。护士机器人的头上,安装有多台激光和热成像摄像机,在面部和声音识别技术的辅助下,能与患者进行简单的交流与互动,并能把那些未经允许

垃圾桶

的来访者挡在门外。护士机器人的腹部还有红外线感应器，能够随时给患者量体温。

除能做一些护理工作，这种护士机器人还能做一些卫生工作，包括擦玻璃、擦桌子、扫地和拖地等。它们不但给了患者很好的护理，还让患者拥有了干净卫生的环境。

怎么样？这种护士机器人是不是很全能啊？虽然这种全能的护士机器人非常有用，但是目前还没有普及，因为这种"护士"造价非常昂贵。但是，相信科学家们通过改进，一定能将它们的成本降低到让更多人能接受的程度，让这些"全能护士"得到全面普及。

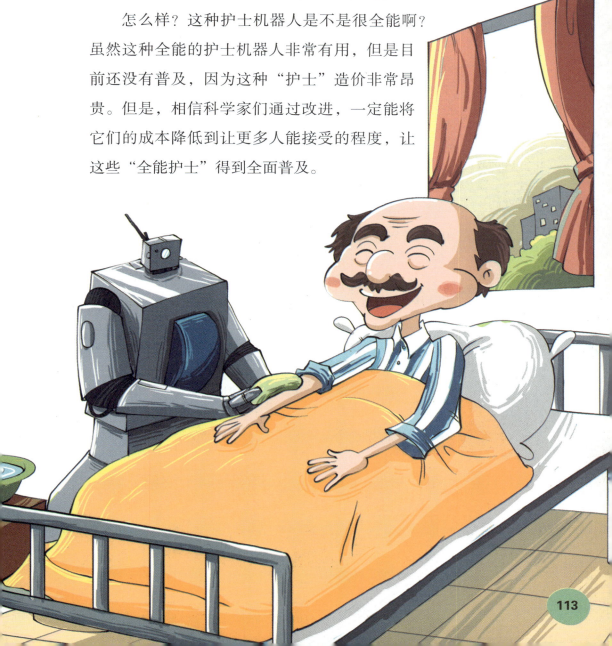

微型医用机器人

很多人有不良的生活与工作习惯，因大量吸烟和饮食不当引发了心血管疾病和肠道疾病，这些疾病都不容易治疗。是否有更好的治疗方法，成为医学上亟待解决的难题。为了了解人体，帮助医生将人体看得更加清楚，科学家们研制出了微型医用机器人。

如今微型医用机器人发展得很快，微型医用机器人的体积非常小，可以放进血管中，也可以放进充满液体的弯曲的人体肠道中。微型

医用机器人用自带的电源和微电机，可以按照医生的意愿移动，并把血管内部的情况以图像的方式传送给医生，让医生对患者的病情有更直观充分的了解。微型医用机器人还可以清除血栓，疏通血管，它是心血管疾病患者的福音，过去不容易治疗的心血管疾病，因为有了微型医用机器人，有了新的治疗方案。

目前，微型医用机器人的应用正处于试验阶段，但是关于它的未来，科学家们和医生们却信心满满，人们都相信，这样一个可以减轻医生的工作负担，又能保护我们身体健康的机器人，一定会让我们的生活变得更加精彩。而科学家们也在为了它的早日到来而努力工作着。

会看病的机器人

会看病的机器人也是医生,科技的发展使会看病的机器人成为现实。目前,会看病的机器人主要用于外科手术。2000年初春,一位患者因肿瘤压迫视神经,双眼视力下降,左眼视力0.02,右眼只有光感。中国人民解放军海军总医院用先进的脑外科机器人系统为这位患者实施定位手术。手术过程仅用20分钟,术后患者能自己下床、穿鞋、走出手术室。三天后,患者出院了,双眼视力均恢复到0.9。

1997年5月,这套脑外科机器人辅助系统还为病人实施了首例开颅手术。

在加拿大,患有帕金森病的患者已不必去医院进行治疗,家里就有一位医生机器人,为患有帕金森病和其他精神性行为失调的病人进行治疗。这种机器人通过计算机的远程链接控制,与医院的计算机联网,能让远程监

控的医生查看病人的X光片和各项检查结果表,为病人对症下药。

机器人在医疗方面的应用越来越多,比如用机器人置换髋骨、用机器人做胸部手术等。这主要是因为用机器人做手术精度高、创伤小,大大减轻了病人的痛苦。从世界机器人的发展趋势看,用机器人辅助外科手术将成为一种必然趋势。

能在战场上为伤员做手术的机器人

如今很多行业为提高工作效率、便于管理，都采用了机器人。军事上也是如此，战争一旦爆发，士兵固不可少，军医也很重要。士兵受伤后急需医生抢救，若是医生数量不够，伤兵就会错过最佳治疗期，甚至会因此失去生命。

为解决军医数量不多的问题，科学家研制出一种能够在战场上为伤员做手术的机器人，部队不必担心它的安危，省去了很多不必要的麻烦。如有伤员，只要打开遥控系统，就可以操控"专

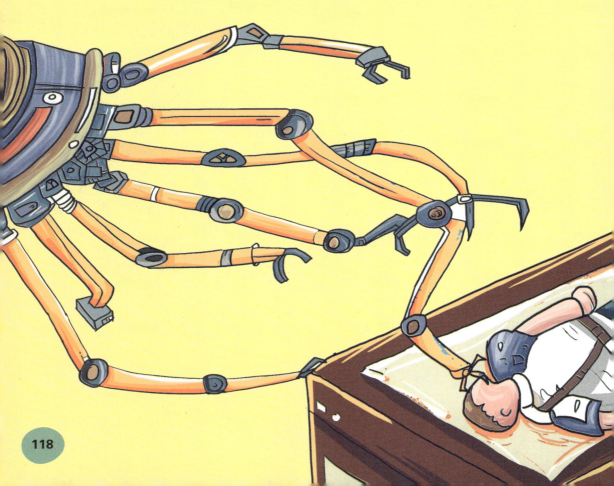

家医生"为伤员做手术了。

　　会做手术的机器人没有身体，只有两条长胳膊，被安装在可移动的支架上，从哪一侧都够得着病人的身体；它还有一双灵巧的手。因此这种会做手术的机器人，其实就是一双灵巧的可以控制的机械手，它的各部分都被简化掉了。医生通过远程操纵技术，能精准地为伤员进行手术。

　　制造机器人就是为了方便人类。人类的需求越来越多，要求越来越高，所以才出现了各种各样的机器人。

能当秘书的机器人

电视中经常能看到一些"万能"秘书,不仅能帮助老板打理好一切工作,还能把日常生活中的细节处理得很完美。其实今后的普通人,每人都可以拥有这样一位尽心尽责的"全能"秘书!它就是秘书机器人,它拥有的强大功能比真正的秘书还要厉害哟!

经过科学家多年的研发与改进,秘书机器人能自动完成18种不同的任务,如装订文件、开门、接电话、帮人提包等。秘书机器人身上配有多种高科技组件,包括多组摄像头、植入式传感器和极端复杂的软件系统等,它们让机器人具有视觉、触觉、听觉、嗅觉和认知、对话能力,并

且可以自主完成更多、更复杂的任务，比如打开文件包，将包中隐藏的文件找出来，或者为主人送上一杯温度刚刚合适的牛奶等。

秘书机器人有这么多强大的功能，你是不是也很期待拥有一个秘书机器人呢？

世界上最小的机器人——

纳米机器人

有一种机器人小到人的肉眼无法看到,它就是纳米机器人。纳米机器人是将超微型电脑、驱动器、传动装置、传感器、电源等集中于一体,制成人类得力的助手,它们将广泛应用于医疗、农业、工业、航天、军事等各个领域。如可注入血管,用来清除毒物,可用微马达来缝合神经、微血管、眼球等;可用它来深入人体内脏,如肾、心脏做检查;将成千上万个纳米机器人撒入农田,帮助消灭害虫,促进农业丰收,防止因使用农药而造成的环境污染。

博览会上的明星机器人

了解了这么多的机器人，小朋友们是不是有些眼花缭乱呢？其实，还有几位"明星级"的机器人，你不可以不知道哟！

首先是这位打败无数高手的棋王机器人，它是真正的打遍天下无敌手的国际象棋棋王。1997年，它战胜了国际象棋棋王卡斯普洛夫。

更奇怪的是在200年前，就有一位名为"土耳其人"的机器人，在美国打败了上千名技艺高超的国际象棋棋手。它是一个木制的机器人，头戴头巾，被固定在一个桌子旁，桌子上摆放着棋盘。当有人向"土耳其人"挑战

时，操控者就会启动机器人的系统，让机器人与前来挑战的人对弈。

机器人中有跳舞跳得特别好的，它是机器人中的舞蹈明星。这个舞蹈机器人高1.6米，能像人一样跳华尔兹，而且它还能通过舞伴跳舞时的动作来感知他的要求。这个舞蹈机器人真让人喜欢，而且它不知道疲倦，想和它跳多久就可以跳多久！

当然啦，机器人中的明星远远不止这些。在很多领域中我们都可以看到机器人的身影，如果不想被机器人超过的话，那就加油努力学习吧！